RAPPORTS

A

M. LE MINISTRE DE L'AGRICULTURE ET DU COMMERCE

SUR LE ROUISSAGE DU LIN

LE DRAINAGE

LA NOUVELLE EXPLOITATION DE LA TOURBE

LA FABRICATION ET L'EMPLOI

DES ENGRAIS ARTIFICIELS ET DES ENGRAIS COMMERCIAUX

(Payen)

PARIS

IMPRIMERIE NATIONALE

M DCCC L

MISSION DE M. PAYEN

EN ANGLETERRE

RAPPORTS

A

M. LE MINISTRE DE L'AGRICULTURE ET DU COMMERCE

SUR LE ROUISSAGE DU LIN

LE DRAINAGE

LA NOUVELLE EXPLOITATION DE LA TOURBE

LA FABRICATION ET L'EMPLOI

DES ENGRAIS ARTIFICIELS ET DES ENGRAIS COMMERCIAUX

PARIS

IMPRIMERIE NATIONALE

DÉCEMBRE 1850

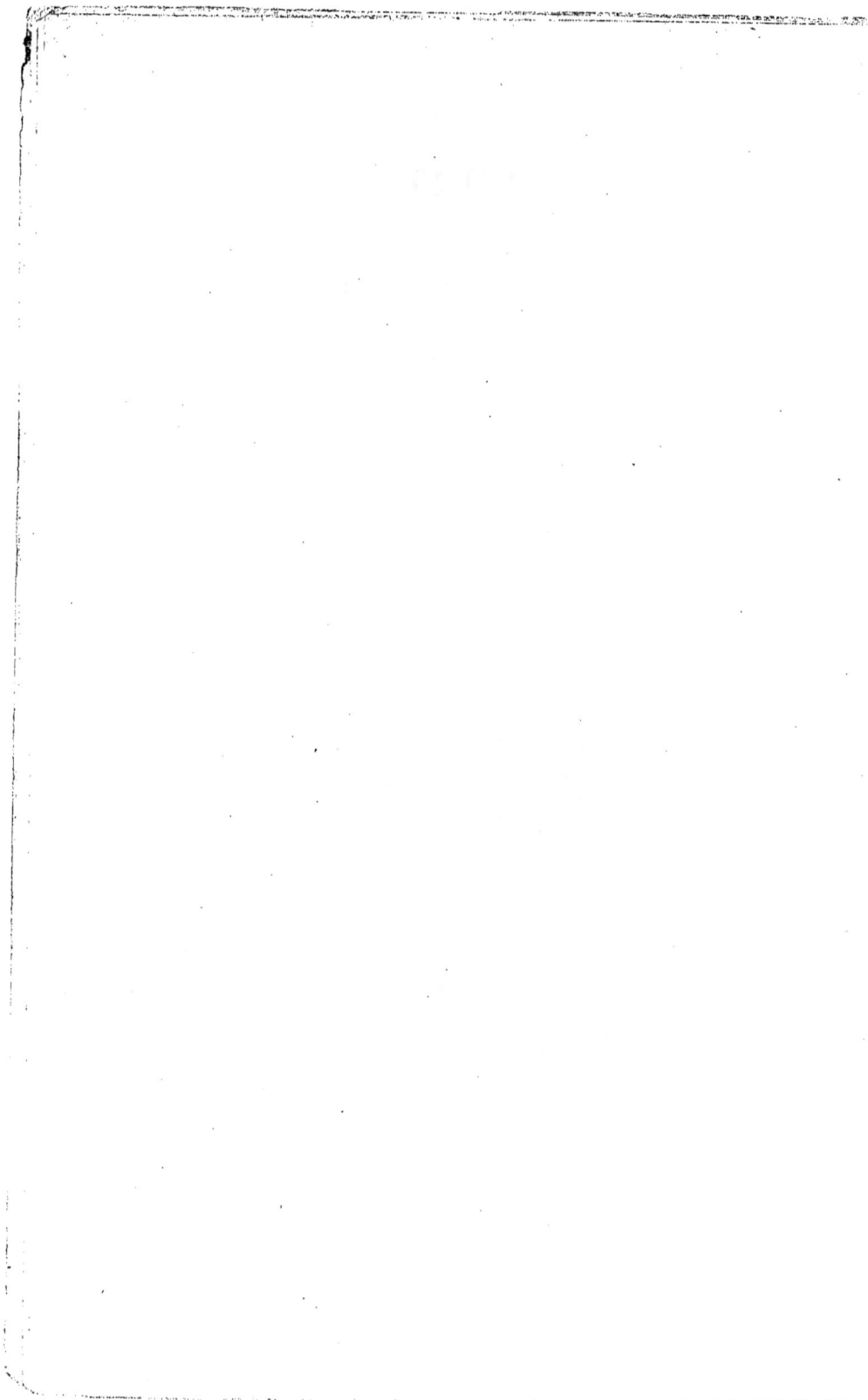

RAPPORT

À

M. LE MINISTRE DE L'AGRICULTURE ET DU COMMERCE.

MONSIEUR LE MINISTRE,

Vous avez bien voulu me charger d'aller étudier en Angleterre plusieurs questions qui intéressent notre industrie manufacturière et notre agriculture.

L'un des plus importants objets de la mission que vous m'avez confiée consistait dans l'examen d'un nouveau procédé de rouissage du lin, introduit dans ces derniers temps en Irlande. La salubrité du procédé et la perfection des opérations accessoires qui s'y rattachent vous avaient paru dignes d'une étude approfondie dans l'intérêt de l'agriculture française. Les détails qui suivent justifient toutes vos prévisions.

Jusqu'en 1841 les procédés de la culture du lin, de l'extraction et de la préparation de la graine et des fibres textiles que produit cette plante, étaient fort arriérés en Angleterre et en Irlande, comparativement avec l'état de cette industrie agricole dans la Belgique et le nord de la France.

À cette époque, une association puissante s'organisa sous le nom de *Société royale pour le développement et l'amélioration de la culture du lin en Irlande*.

Les motifs de cette fondation étaient sérieux et faciles à reconnaître : alors, en effet, la production totale en Angleterre, en

1

Écosse et en Irlande, des substances que le lin peut fournir, équivalait seulement au dixième environ des quantités que les manufactures et l'industrie agricole réclament et qui sont importées annuellement dans la Grande-Bretagne.

On calculait, ainsi que l'a démontré dans un bon mémoire M. Macadam, qu'il faudrait cultiver en lin une superficie de 5oo,ooo acres pour obtenir les produits annuellement consommés. Il serait convenable d'adopter pour cette culture un assolement de cinq années qui occuperait 2,5oo,ooo acres de terre [1].

Le sol de l'Irlande, amélioré par les procédés du drainage, pouvait convenir à la culture du lin, dont l'introduction offrait les meilleures chances pour soulager la détresse qui accable ce pays.

Tous les événements, jusqu'à ce jour, ont concouru à rendre cette introduction plus importante, plus profitable, plus urgente même : on peut citer notamment, à cet égard, les désastres subis par les récoltes des pommes de terre, qui devaient amener la substitution d'autres cultures à celles de ce tubercule; la suppression des droits sur les céréales, qui abaisse la rente de la terre; l'avilissement du prix de la main-d'œuvre, qui facilite le travail; le meilleur parti que les méthodes actuelles permettent de tirer de la graine de lin en l'appliquant à l'engraissement et à la nourriture des animaux; enfin le remarquable procédé américain du rouissage salubre. On comprend que toutes ces circonstances aient soutenu le zèle et les efforts de la société pour le développement de la culture du lin.

---

[1] En 1848, une statistique dressée par le Gouvernement anglais a donné les résultats suivants :

Surfaces de terres cultivées en lin dans l'Irlande :

Province d'Ulster	49,549 acres.
Province de Leinster	1,239
Province de Munster	1,249
Province de Connaught	1,820
TOTAL en Irlande	53,863

Cette grande association, placée sous le patronage de la Reine et du prince Albert, qui ont visité ses expositions; soutenue par les souscriptions de la plupart des notabilités de la Grande-Bretagne et par les subventions du Gouvernement[1], occupe trente ingénieurs agricoles qui vont en pays étrangers étudier les meilleures méthodes pour les centraliser dans les rapports annuels de la société et les répandre parmi les associations locales et chez tous les fermiers qui réclament leur concours et qui contribuent aux frais généraux.

C'est donc bien en Irlande, et particulièrement à Belfast, que l'on peut trouver réunies, et essayées comparativement, les méthodes perfectionnées applicables au lin, et l'époque de mon voyage était favorable pour comparer les résultats fâcheux de l'ancien état de choses avec les avantages des méthodes nouvelles.

Sous le premier point de vue, j'ai pu reconnaître qu'en Angleterre et en Écosse, généralement, on cultive avec profit le lin pour sa graine appliquée à l'engraissement des animaux, tout en laissant perdre les fibres textiles, tandis qu'en Irlande, sur toutes les cultures non encore améliorées, on voit plonger dans les routoirs le lin avec sa graine, celle-ci étant négligée pour utiliser exclusivement la fibre textile.

Ces deux faits remarquables suffisent pour démontrer combien il est utile de réunir dans chaque exploitation les profits que l'on obtient avec la graine seule en certaines contrées, et, au contraire, avec la fibre textile seule dans d'autres pays.

En traversant, du 15 au 20 septembre, les champs de lin récolté en Irlande, j'ai vu se manifester, souvent avec un haut degré d'intensité, les graves inconvénients de l'ancien rouissage en eaux

---

[1] Sur la demande du lord lieutenant de l'Irlande, des secours, de 25,000 livres (625,000 fr.) en 1848 et de 25,000 livres en 1849, furent accordés pour aider l'association à étendre ses utiles travaux.

1.

stagnantes et de l'étendage des produits putrides de cette dégoûtante et insalubre opération, qui répand au loin d'insupportables exhalaisons infectes. En se reportant à cet état de choses, qui depuis si longtemps excite la sollicitude des sociétés agricoles et industrielles en France, en Belgique, en Angleterre et en Amérique, chacun comprendra le vif intérêt que·l'association spéciale d'Irlande devait attacher au procédé nouveau. En effet, il affranchit le pays des dangers du rouissage, tout en simplifiant les procédés des récoltes; il offre une nouvelle occasion de travail, tout en augmentant les produits tirés du lin et en améliorant la qualité des fibres textiles.

Déjà les efforts de l'association ont porté leurs fruits. Après avoir déterminé les importateurs du procédé américain à baisser de moitié la rétribution demandée aux concessionnaires de la patente, les agents de cette association ont facilité l'introduction d'établissements spéciaux dans des localités centrales où les récoltes de lin sont reçues et traitées suivant les procédés nouveaux que je vais décrire.

Au dehors des établissements de rouissage, le travail des champs pour la récolte est simplifié; je dirai d'abord en quoi il consiste.

Récolte du lin. — Dès que les deux tiers environ des tiges, à partir du pied, sont jaunies, le haut étant encore verdâtre, et, par conséquent, sans attendre leur complète maturité, on arrache le lin en deux fois pour fractionner ces produits, si la hauteur est inégale, et en négligeant les très-courtes tiges qui déprécieraient le reste.

Les tiges sont placées en lignes, debout, sur deux rangées inclinées, appuyées l'une sur l'autre par le haut, formant une sorte de toit aigu; en quelques jours, dans cette position, la dessiccation s'opère graduellement; une partie des sucs, passant du haut des tiges dans les graines, développe et mûrit ces dernières.

Le lin est lié en petites bottes posées debout sur deux rangs ou mis en tas carrés reposant sur quelques brindilles ou bruyères; il reste en cet état plusieurs jours, jusqu'à ce qu'il soit complétement desséché à l'air; alors on le porte aux usines de rouissage.

Le lin est ordinairement acheté sur pied; mais les soins de la récolte et de la dessiccation, que nous venons de décrire, ainsi que le transport à l'établissement, sont laissés à la charge du cultivateur. Le prix moyen payé par acre, pour la valeur de cette récolte, est de 6 à 10 livres sterling.

ÉTABLISSEMENTS POUR L'ÉGRENAGE, LE ROUISSAGE PERFECTIONNÉ ET LE TEILLAGE DU LIN.

Le nouveau procédé de rouissage avait d'abord été mis en pratique avec succès en Amérique, où il a été inventé; importé en Irlande sous le nom de *Schenck's patent system of steeping flax* (système breveté de Schenck pour le rouissage du lin), il a été établi et perfectionné à Cregagh par MM. Bernard et Koch, ingénieurs français.

C'est dans cette usine, aux environs de Belfast, que j'allai examiner ce procédé. MM. Bernard et Koch venaient de remonter tous leurs appareils, afin d'y introduire les améliorations que la pratique avait indiquées; les directeurs me firent le plus obligeant accueil, m'expliquèrent tous les détails de la construction des machines, ustensiles et séchoirs, généralement très-simples et fort bien disposés; ils voulurent bien m'accompagner chez les fabricants de machines à écraser et teiller, MM. Adam frères et compagnie (*Soho foundry, Belfast*), qui firent fonctionner en ma présence ces nouvelles et ingénieuses machines. Je dois encore à l'extrême obligeance de MM. Bernard et Koch les échantillons, 1° de lin tel qu'on le reçoit des fermiers; 2° de lin égrené et rogné par les ustensiles nouveaux; 3° de lin roui par le procédé salubre; 4° du même lin écrasé et teillé mécaniquement.

A l'arrivée dans l'usine, le lin peut être traité immédiatement ou mis en réserve, en l'amoncelant en meules comme le blé, de préférence sur piliers, et recouvertes de paille ou de lin de rebut maintenues par des lattes. Il peut rester ainsi disposé sans altération durant une ou même plusieurs années.

Égrenage et rognage. — Le lin qu'on veut mettre en traitement est d'abord égrené à l'aide d'un ustensile fort simple, composé de deux rouleaux creux en fonte, ayant 12 pouces de diamètre et 14 pouces de long, disposés chacun horizontalement sur les deux bras d'une potence, les deux axes étant dans le même plan vertical.

Il suffit de passer une ou deux fois entre ces deux cylindres, tournant en sens inverse, la portion chargée de graines de chaque poignée de lin, pour détacher les graines, qui tombent avec les enveloppes; on frappe le même bout de la poignée contre un tonneau pour faire tomber quelques graines et enveloppes engagées entre les tiges.

On retranche ensuite les bouts contournés en hélices ou *vrilles* des racines, en présentant l'autre extrémité de la même poignée à un coupe-racine ordinaire.

Rouissage. — Le lin est alors porté aux cuves de rouissage. Ces cuves, dans l'établissement modèle de MM. Bernard et Koch, sont au nombre de douze, sur deux rangées parallèles, l'une vis-à-vis de l'autre; entre les deux rangées sont disposés les tubes, qui, au moyen de robinets, amènent à volonté la vapeur dans un serpentin horizontal circulant sous un double fond, emmènent l'eau condensée ou conduisent au dehors le liquide des cuves après la fermentation.

Les cuves sont elliptiques, afin de ménager la place: chacune d'elles a 14 pieds de grand diamètre, 10 pieds de petit diamètre et 4 pieds de hauteur; elle est supportée par des dés en pierre;

le faux fond (sous lequel circule le serpentin) est percé de trous, comme dans une cuve à brasser. Le lin est placé debout, serré, sur le faux fond : on en peut mettre environ 725 kilogrammes.

On fixe le lin à l'aide d'un faux fond, à claire-voie en plusieurs parties, maintenu par des barres et quelques clavettes, afin d'empêcher qu'il ne soit soulevé par l'eau.

La cuve étant remplie d'eau, de façon que l'immersion du lin soit complète, on introduit la vapeur dans le serpentin, afin d'élever graduellement la température jusqu'à 90° F. (32°,2 centésimaux)[1]. La fermentation commence bientôt; elle s'annonce par un dégagement de nombreuses bulles de gaz et entretient presque seule la température initiale durant soixante heures.

On sent d'abord une odeur aromatique, à laquelle succède une odeur analogue à celle de la choucroûte.

Le rouissage est à son terme lorsque la fermentation cesse presque entièrement : on en juge d'ailleurs en examinant quelques brins de lin et vérifiant si la fibre s'en détache partout aisément.

Lorsque l'on fait usage d'eau séléniteuse ou calcaire, comme chez M. Marshall, le rouissage n'arrive à son terme qu'au bout de quatre-vingt-dix heures.

Le rouissage étant achevé, on fait écouler l'eau hors de l'atelier, on enlève le lin, que l'on dispose en nappes d'une forte poignée, étendues à plat, entre deux lattes qui pincent le bout près de la racine et sont maintenues par une clavette tournante.

[1] On a observé que l'opération était plus lente et l'effet utile moindre lorsqu'on chauffait l'eau d'avance. Cela tenait probablement à ce que l'air favorable au développement de la fermentation était, dans ce cas, partiellement dégagé; c'est peut-être par la même influence qu'on pourrait expliquer le rouissage plus complet obtenu chez M. Marshall, de Leeds, par une seconde opération semblable, qui s'exécute après avoir desséché le lin sorti de la cuve. (Voy. la note, page 10.)

Toutes les poignées, ainsi étendues, sont mises au séchoir à l'air, en posant les bouts des lattes horizontalement sur des traverses légères [1].

Les vents continuels qui règnent en Irlande sont très-favorables à cette dessiccation : elle ne dure, en moyenne, que trois jours; le rouissage et les manipulations pour emplir et vider les cuves, préparer l'étendage, etc., durent également trois jours. On voit que les deux opérations se succèdent régulièrement.

On termine la dessiccation en entreposant avant le teillage le lin, extrait des séchoirs à l'air, dans une pièce contiguë aux fourneaux et chauffée par les chaleurs perdues des générateurs de la machine à vapeur et des retours d'eau.

Brayage et teillage. — Les deux nouvelles machines très-ingénieuses, simples et efficaces, construites par MM. Adam frères et compagnie (*Soho foundry, Belfast*), sont destinées à ces opérations : la première machine est composée de cinq paires de cylindres ayant 6 pouces et demi (18 centimètres) de diamètre, offrant des cannelures graduellement plus fines. Chaque poignée de lin, étendue en nappe, passe successivement entre les cinq paires de cylindres. Les tiges étant ainsi concassées dans tous les porte-à-faux entre les cannelures, il faut éliminer tous les fragments, afin d'obtenir la filasse. A cet effet, chaque nappe est fixée sur un établi spécial entre deux règles garnies de caoutchouc volcanisé, et l'on introduit toutes ces nappes dans une rainure de la deuxième machine, où elles sont poussées à la suite les unes des autres par une chaîne sans fin. Les deux tiers environ de la nappe qui pendent au-dessous de la rainure sont battus, durant le trajet, par des tringles en fer disposées suivant les génératrices de deux cônes entre lesquels la filasse est frottée sur les deux faces des nappes. Celles-ci, arrivées à l'autre extrémité, sont parfaitement nettoyées de toute *chènevotte* dans la partie qui était au-dessous des

---

[1] Six séchoirs à l'air sont disposés tout autour de l'usine.

deux règles. On les reprend en sens inverse, entre deux autres règles, dégageant le bout non teillé, qui, à son tour, pend au-dessous de la rainure et se trouve battu durant son trajet. Le lin sort de la machine complétement épuré, et sans avoir éprouvé autant de déchet que par les machines ou ustensiles essayés comparativement jusqu'ici.

Ces deux machines coûtent, la première 40 liv. (1,000 fr.); la deuxième, avec l'établi, règles et accessoires, 100 liv. (2,500 fr.); elles peuvent brayer et teiller 3,000 kilogrammes de lin, donnant 500 kilogrammes de filasse par jour.

L'établissement de MM. Bernard et Koch est monté pour traiter le lin récolté sur 700 acres (310 hectares), représentant, suivant l'assolement adopté, de quatre à cinq fois cette superficie en culture.

L'association pour le développement de la production du lin s'occupe activement de propager la nouvelle méthode de préparation que je viens de décrire; déjà elle est installée dans des établissements montés, à l'instar de celui de Cregagh, à Newport et Ballina, comté de Mayo; Drémoléague, comté de Cork; Celbridge, comté de Kildare, et Ballibay, comté de Monaghan.

Avantages du nouveau système. — Il est évident que ces manufactures centrales faciliteront beaucoup l'extension de la culture du lin, en simplifiant le travail des fermiers, évitant les chances de pertes par suite des avaries dans les routoirs et les étendages et les déchets au teillage [1].

Dans certaines localités où l'on pourra disposer de l'eau chaude provenant des condensateurs de vapeur, le chauffage des cuves à fermentation n'exigera pas de combustible.

Rien ne s'opposera plus maintenant à ce que l'on fasse écouler

---

[1] On sait qu'une seule nuit, durant un temps orageux, suffit pour faire dépasser dans les routoirs le terme du rouissage et occasionner ainsi de très-grands déchets au teillage.

lés eaux réservées aux routoirs; on pourra rendre la salubrité aux campagnes, sur lesquelles les exhalaisons du rouissage et l'humidité des terres répandent chaque année, en certaines saisons, des maladies endémiques.

Les terres pourront dès lors être assainies par les procédés du drainage, et deviendront plus favorables à toutes les cultures, comme à celle du lin.

La meilleure qualité des fibres textiles obtenues par le nouveau système ne semble laisser aucun doute, d'après les expériences comparatives faites par M. Marshall de Leeds, l'un des plus grands et des plus habiles manufacturiers en ce genre : les résultats de ces expériences sont indiqués dans le tableau ci-dessous :

EXPÉRIENCES COMPARATIVES SUR LE LIN DE LA RÉCOLTE DE 1849.

ROUISSAGE.	POIDS		PERTE DE POIDS.	POIDS		OBTENU P. 0/0.	VALEUR DE LA FILASSE.	PRIX OBTENU PAR ACRE.	FORCE DU FIL		
	avant LE ROUISSAGE.	après LE ROUISSAGE.		avant LE TEILLAGE.	après LE TEILLAGE.				GRIS.	BRUN.	BLANCHI.
	quint.	quint.	p. 0/0.	quint.	quint.		le quin. tal.				
En Hollande...............	49,7	40,3	18,9	40,3	7,4	18,4	55,10	188ᶠ	7,7	7,6	6,9
A Cregagh (près Belfast)....	12,5	10,2	18,0	10,2	1,84	18,1	63,10	214	7,8	7,5	6,7
A Potrington (Angleterre)....	12,3	9,8	20,5	9,5	1,5	15,7	74	210	7,7	7,4	7

A la suite de ce tableau, M. Marshall écrit à MM. Bernard et Koch :

« Messieurs,

« Je vous envoie le compte rendu des expériences faites sur le lin; je considère les résultats comme décidément favorables au procédé du rouissage par l'eau tiède.

« ARTHUR MARSHALL.

« Leeds, 27 juillet 1850. »

Plusieurs autres procédés ont été essayés en Irlande et en Angleterre pour remplacer le rouissage, notamment les solutions étendues d'acide sulfurique ou de soude caustique, les eaux de savon noir, le lait de chaux; ils ont présenté des inconvénients et des chances d'altération qui les ont fait abandonner.

Applications des résidus. — L'égrenage soigné, dans les manufactures centrales, permettra de recueillir les enveloppes et menues graines séparées de la graine de lin; ces résidus, soumis à la coction par la vapeur et mêlés avec d'autres aliments appropriés, pourront accroître les moyens de nourrir les animaux.

Les débris ligneux (chènevotte) ont déjà été appliqués avec succès, par MM. Bernard et Koch, au chauffage des générateurs de l'usine; la quantité de chaleur ainsi utilisée a paru suffisante pour élever à 32° la température de toute l'eau d'immersion.

Les eaux rejetées des cuves, après la fermentation, ont été appliquées avec avantage, dans plusieurs localités, à l'irrigation et à la fumure des terres. J'ai pu reconnaître leur effet favorable dans un pré attenant à la fabrique de Cregagh, où MM. Bernard et Koch avaient pratiqué des irrigations partielles.

Dès l'année 1845, votre ami, sir Robert Kane, avait signalé à l'attention des cultivateurs les ressources, comme engrais, qu'ils pourraient trouver dans les eaux résidus du rouissage :

Il fondait cette opinion sur les analyses qu'il avait faites de ces eaux et desquelles il avait conclu que le liquide contient les 0,9 des matières organiques que la plante a puisées dans le sol.

L'extrait des eaux de rouissage évaporées à 100° présenta la composition suivante :

Carbone	30,69
Hydrogène	4,24
Oxygène	20,82
Azote	2,24
Cendres	42,01
	100

Les cendres contenaient en centièmes :

Potasse	9,78
Soude	9,82
Chaux	12,33
Magnésie	7,79
Alumine	6,08
Silice	21,35
Acide phosphorique	10,84
Chlore	2,41
Acide carbonique	16,95
Acide sulfurique	2,65
	100

Par des irrigations, si l'on rend au sol les substances contenues dans ces eaux [1]; si, de plus, on utilise, pour la nourriture ou l'engraissement des animaux la graine ou les tourteaux, et que le fumier en revienne à la terre, ainsi que les cendres provenant des chènevottes brûlées sous les chaudières, on comprend que, dans ces circonstances, la culture du lin ne soit pas épuisante, qu'elle puisse même contribuer à élever la puissance du sol, car on n'en aura extrait, en définitive, que les fibres textiles formées de cellulose presque pure et ne contenant qu'un principe immédiat non azoté dont les éléments se trouvent ordinairement en excès dans toutes les terres cultivées.

Il en serait alors de cette exploitation comme de l'extraction

---

[1] La terre devrait être un peu calcaire et drainée, afin qu'elle pût saturer les acides, retenir les matières fertilisantes et laisser écouler l'excès d'eau.

Je viens de répéter en petit l'expérience du nouveau rouissage : le lin fut immergé dans l'eau de Seine filtrée que renfermait un vase de verre communiquant avec un flacon refroidi et un tube à boules, contenant une solution d'acétate de plomb tribasique.

La fermentation entretenue par un bain-marie, à 33 degrés centésimaux, durant quatre jours, dégagea beaucoup d'acide carbonique exempt d'acide sulfhydrique.

La petite quantité d'eau condensée dans le flacon intermédiaire contenait des traces d'acide acétique, le liquide d'immersion était légèrement acide, exhalait une odeur aigrelette de choucroûte et donna de l'acide acétique à la distillation ; le résidu liquide contenait de l'acide lactique ainsi que les sels et matières organiques indiqués par sir R. Kane.

perfectionnée du sucre de betterave, qui, livrant au commerce, et à la consommation des hommes, du sucre blanc, n'enlève rien au sol et lui fournit, au contraire, en écumes, résidus, feuilles et fumier, ce que la plante a puisé d'utile à sa végétation, soit dans la terre, soit dans l'air atmosphérique. Mais, de même qu'en France ces préceptes scientifiques ont rencontré de nombreuses objections, des préjugés défavorables ont accueilli en Irlande les déductions de sir R. Kane, jusqu'à ce que les faits rapportés par tous les cultivateurs qui ont essayé ces arrosages, et d'abord les membres de la société des fermiers à Markethill, eussent démontré la valeur réelle de cet engrais.

Engrais spécial pour le lin. — Les analyses que nous venons de rapporter ont conduit l'association pour la production du lin à conseiller la composition suivante d'un engrais spécial :

	liv.	coûtant	sch.	den.
Os pulvérisés...................	54	3	3	
Chlorure de potassium..............	30	2	6	
Chlorure de sodium (sel marin).......	28	0	3	
Plâtre cuit en poudre..............	34	0	6	
Sulfate de magnésie..............	56	4	0	
	202	10	6	

Production moyenne du lin en Irlande. — Une enquête parmi les sociétés de fermiers, en Irlande, a donné les résultats statistiques suivants :

La culture du lin revient dans l'assolement au bout de trois, quatre ou cinq années : moyenne, quatre ans; la récolte donne de 3 quintaux 1/2 à 6 quintaux par acre (*statute acre*), ou 4, 5 à 11 quintaux par acre irlandaise.

Dernière conséquence du développement de la production du lin. — Aux yeux des ingénieurs et manufacturiers anglais que j'ai consultés sur le but de la culture du lin, l'accroissement de la production, l'amélioration de la qualité et la diminution du prix coûtant ne seront pas seulement des moyens de soulager la misère

en Irlande; ils doivent avoir une plus haute portée encore : le but final vers lequel tendent ces perfectionnements est la substitution du lin, pour la plus grande partie, au coton, dont la production devient insuffisante; déjà l'année dernière, par suite du déficit dans la récolte, le prix de cette matière première a dépassé, en effet, celui du lin.

La substitution du lin au coton devant, dans un avenir peu éloigné, fournir des fils et tissus plus beaux, plus solides et moins dispendieux, semble devoir donner un nouvel essor à la fabrication et au commerce de la Grande-Bretagne. C'est une révolution industrielle qui se prépare. La Grande-Bretagne fait pour le coton, qu'elle remplace par le lin, ce que nous avons fait pour le sucre de canne, quand nous l'avons, en partie, remplacé par le sucre de betterave. Les deux pays ont cherché l'un et l'autre le progrès de l'agriculture dans la culture en grand d'une plante industrielle d'un large débouché.

Une pareille innovation, qui se prépare, fixera l'attention du Gouvernement français : quelques exemples des procédés nouveaux introduits dans les écoles régionales d'agriculture, la démonstration de leurs avantages dans les cours du Conservatoire et de l'Institut agronomique de Versailles, pourraient guider les propriétaires dans les essais qu'ils voudraient faire à cet égard.

L'introduction d'un modèle de chacun des principaux appareils, ustensiles et machines perfectionnés faciliterait beaucoup ces démonstrations, qui auraient un intérêt véritable pour la salubrité publique, pour l'avenir de notre agriculture et de plusieurs de nos grandes industries manufacturières.

Veuillez agréer, Monsieur le Ministre, l'expression de mes sentiments respectueux et dévoués.

PAYEN,
Membre de l'Institut.

RAPPORT

A M. LE MINISTRE DE L'AGRICULTURE ET DU COMMERCE

SUR LE DRAINAGE EN ANGLETERRE.

MONSIEUR LE MINISTRE,

L'utilité et l'importance du drainage ne sont nulle part plus grandes, nulle part aussi grandes peut-être, que dans les terres de la Grande-Bretagne; nulle part ailleurs elles ne sauraient être mieux comprises.

Les remarquables et productifs travaux accomplis déjà dans ces contrées laissent des travaux à faire plus immenses encore : en effet, presque partout, en traversant les cultures plus ou moins soignées, les friches et les bruyères de l'Angleterre, de l'Écosse et de l'Irlande, on voit le fond des raies de la culture générale en billons, les parties déclives des terrains incultes accuser la présence des eaux stagnantes retenues par les argiles du sous-sol ou maintenues par le niveau des ruisseaux, mares ou pièces d'eau environnantes.

La théorie et la pratique s'accordent à reconnaître les graves inconvénients de ces eaux stagnantes dans le sol, qui perdent leur oxygène libre, désagrégent les radicelles des plantes terrestres les plus usuelles, tiennent dans l'inertie les composés salins que recèlent les argiles, excitent la végétation de plantes impropres à la nourriture des hommes et des animaux, rendent parfois désastreux les effets des gelées.

On espérait beaucoup d'un changement dans cet état de choses

en opérant sur une vaste échelle l'égouttage de pareils terrains ;
et, en effet, non-seulement tous les inconvénients que je viens
de rappeler ont disparu, mais encore, comme me le faisait remarquer un habile fermier, M. Moor, l'égouttage et l'aérage, déter-
minant le retrait et le fendillement des argiles du sous-sol cultivé,
ont permis aux racines de s'insinuer dans les fentes, de diviser
ainsi ces terrains compactes, et d'accroître l'épaisseur de la
couche de terre végétale. On peut affirmer aujourd'hui que très-
généralement les résultats acquis ont dépassé les espérances, et
que le puissant secours offert dans cette occasion à l'agriculture
par le Gouvernement anglais ne pouvait être mieux appliqué.

C'est là une des améliorations agricoles que rien ne semble
pouvoir compromettre, car, en une seule année, on a pu souvent
compenser par l'excédant de valeur des récoltes le prix d'établissement du drainage ; et, lors même que cette compensation se ferait
attendre deux ou plusieurs années, on peut dire qu'un drainage
pratiqué avec soin, dans les circonstances favorables, accroîtrait
toujours la valeur du fond et son produit net, quels que pussent
être les frais ultérieurs pour l'entretien et les réparations.

Aux causes très-connues de fertilisation des sols par le drainage, qui rend à une partie de la terre l'influence si utile de l'aérage et de la porosité, s'ajoute l'action remarquable des argiles,
qui retiennent les composés salins et ammoniacaux des eaux qui
les traversent, et qui cèdent ultérieurement à la végétation ces
engrais solubles.

Les faits observés à cet égard par MM. Thompson, Huxtable, etc.,
viennent d'être mis en évidence par les nombreux essais de
M. Way, habile chimiste attaché aux travaux de la Société royale
d'agriculture de Londres. J'ai examiné avec un vif intérêt dans le
beau laboratoire de M. Way les expériences spéciales qu'il a ins-
tituées et qu'il poursuit en ce moment.

Les propriétaires, les fermiers, les ingénieurs civils et toutes
les associations agricoles du royaume-uni sont, depuis quatre ans,

occupés des questions relatives au drainage ; l'émulation des fabricants de machines devait naturellement être surexcitée par le désir de satisfaire aux vœux si généralement exprimés de perfectionner et de rendre plus économiques les moyens de drainage.

En cherchant à connaître, dans toutes les localités que j'ai parcourues, les meilleures machines employées jusques ce jour, pour la fabrication des différents tubes à drainage, j'ai rencontré plus de douze modèles différents, construits par autant de mécaniciens habiles. La plupart avaient obtenu des premiers prix dans différents concours agricoles : il était donc impossible de juger de leur mérite par la nature des récompenses.

C'est en les voyant fonctionner, en comparant leurs produits, en constatant les motifs de la préférence qui leur était accordée par les fabricants de ces poteries, qu'il m'a été possible de recueillir les renseignements positifs et directs que vous aviez, Monsieur le Ministre, particulièrement recommandés à mon attention.

Une des premières machines employées avec succès pour fabriquer les tubes de drainage, et qui avait obtenu un prix de 500 francs, a été introduite en France et expérimentée au Conservatoire. J'ai vu à Glasgow un agent agricole, M. James Fergusson, chargé du placement de cette machine, ainsi que des tubes produits par elle, à quelques lieues de la ville, chez M. Thomas Dean. Sa manufacture était en grande activité : on y construisait une machine à vapeur pour remplacer les manéges à corroyer l'argile et de nouveaux fours pour la cuisson des tubes.

Les tubes des différents modèles s'y trouvaient amoncelés sur le terrain, prêts à livrer ; on voyait dans les séchoirs et les fours un grand nombre de ces tubes en cours de fabrication.

Je remarquai dans les ateliers une machine semblable à celle du Conservatoire ; mais elle ne fonctionnait pas, tandis que deux machines d'un système différent étaient en action : je dois ajouter que toutes les machines en usage actuellement que j'ai vues sont à pistons verticaux ou horizontaux. Le manufacturier, par un travail en grand, avait été conduit à préférer ces dernières, dont les produits étaient plus réguliers, formés d'une pâte moins détrempée, et dont la manœuvre était plus facile et plus sûre.

La machine nouvelle offre, en outre, une ingénieuse disposition : le fil d'archal qui coupe les tubes suit un calibre qui fait opérer cette section en *S* couchée, ou en bec de flageolet, de telle sorte que, dans la pose, les tubes deviennent, jusqu'à un certain point, solidaires, et sont moins sujets à se déranger.

Dans la même fabrique, on voyait fonctionner très-régulièrement un cylindre vertical fixe, contenant un axe tournant armé de bras, qui corroyait la terre. Il serait utile d'acquérir ces ustensiles, dont le bon usage et la qualité supérieure sont garantis par une longue pratique en grand.

La machine à tuyaux coûterait environ 3o liv. st., et le cylindre corroyeur 15 liv. st.

La machine à cylindre vertical de M. Hatcher Beneuden et le cylindre corroyeur vendu par MM. Cottam et Hallen, de Londres (Winsley-street), sont recommandés par plusieurs fermiers; mais la manœuvre en est moins facile et plus dispendieuse : les tubes fabriqués par ces machines reviennent, en effet, à 4 ou 5 schellings par 1,000 plus cher qu'avec les machines généralement préférées aujourd'hui.

La machine de M. H. Clayton (21, Upper-Park-place, Dorset-square, Regent's-Park) m'avait été signalée comme l'une des meilleures, par un des agents de la Société royale d'agriculture de Londres[1]. Je l'ai vue fonctionner; mais, en comparant le service de cette machine à deux cylindres et pistons verticaux avec

---

[1] Cette machine est employée avec succès par un grand nombre de fabricants : l'un d'eux, R. Jacson, esquire, à Barton, près Preston (Lancashire), livre les tubes, le millier, aux prix suivants :

1 pouce 1/2 de diamètre intérieur.	12 sch.	4 pouces de diamètre intérieur.	31 sch.
.... idem........	16	5 idem	46
1/2.......... idem........	20	6 idem	65
3............ idem........	25	8 idem	105

celui des machines nouvelles à double effet alternatif et pistons horizontaux, on voit sans peine que celles-ci sont plus simples et plus efficaces.

J'en dirai autant de la machine de Withead, de Preston, Lancashire : elle a mérité et obtenu un premier prix en 1848; on la vend 24 liv. st.; elle sera sans doute perfectionnée encore par son auteur.

Dans l'état actuel des choses, la préférence me semble acquise à la *Machine de Brodie, à fabriquer les tubes de drainage (pipe-tiles), construite par John Dovie, Commercial-Road (Glasgow).*

Cette machine est à double effet et à pistons rectangulaires alternativement poussés horizontalement vers chacune des deux plaques verticales à matrices (*dies*), en sorte que l'on peut facilement charger l'une des auges pendant que l'autre se vide, sans qu'il y ait d'interruption dans le travail; elle peut également servir à fabriquer les tuiles courbes, les briques et carreaux.

Les bâtis, tout en fonte, montés sur roues et toutes les pièces offrent une grande solidité. L'argile, après avoir passé dans le cylindre corroyeur *pugging-mill*, est dégagée dans la machine même des cailloux ou pierrailles au moyen d'une grille en avant de la matrice.

Cette machine a reçu le premier prix comme la meilleure de celles qui furent présentées au dernier concours ou exposition de la Société d'agriculture d'Écosse, le 1er août 1850; le premier prix fut également accordé pour la fabrication des tubes de drainage à un fabricant qui l'employait.

M. Dovie construit deux modèles : le plus grand emploie la force d'un quart de cheval. Il s'adapte aisément à un moteur mécanique quelconque et se transporte au moyen de quatre roues fixées sous les bâtis. Mue par le renvoi d'une machine à vapeur ou d'un manége et servie par un homme et deux femmes ou deux enfants, elle peut confectionner de 10 à 12,000 tubes de 2 pouces de diamètre et 12 à 13 pouces de long, en dix heures. Son prix, avec tous les accessoires, est de 35 liv. st. (875 francs).

2.

Le plus petit modèle, mû à bras (un homme et deux enfants),
peut donner 5,000 à 8,000 tubes de 2 pouces par jour. Son prix,
y compris tous les accessoires, serait de 27 sterl. (675 francs).

Si vous ordonniez, Monsieur le Ministre, l'acquisition de l'un
de ces deux bons modèles, il serait convenable d'y joindre une
matrice à fabriquer les tubes en tourbe pétrie. Cette matrice me
semblerait applicable à la réalisation du projet que vous avez
conçu de confectionner des tubes en chaux ou ciment hydraulique;
on obtiendrait probablement ainsi des tubes moins dispendieux
que les drains ordinaires en poterie et plus durables que les tubes
en tourbe dont on essaye en ce moment l'emploi en Angleterre.

L'un des ingénieurs mécaniciens inventeurs de machines à
drainer, M. Josiah Parkes, s'est occupé constamment des opérations du drainage depuis plusieurs années. On lui doit de très-
importants travaux à cet égard; et bien que la pratique en grand
n'ait pas toujours sanctionné ses prescriptions, bien que l'emploi
des petits tubes d'un pouce soit, en général, rejeté aujourd'hui,
et que de nouvelles machines aient dépassé les résultats de ses
premières constructions, il n'en reste pas moins l'un des ingénieurs les plus expérimentés et consultés à bon droit. Profitant
des expériences des autres, ainsi que des siennes propres, on ne
peut douter qu'il ne perfectionne lui-même sa machine.

On pourrait soumettre à des essais comparatifs au Conservatoire, et appliquer ensuite, soit dans l'institut de Versailles, soit
dans les écoles régionales, les trois machines les plus estimées en
ce moment en Angleterre; elles fourniraient bientôt, à nos cons-
tructeurs mécaniciens l'un des meilleurs modèles.

On pourrait ainsi promptement atteindre le but que vous vous êtes
proposé, Monsieur le Ministre, en donnant à nos agriculteurs les
moyens de profiter de l'expérience acquise en Angleterre et d'appliquer économiquement à celles de leurs terres qui sont trop hu-
mides l'une des plus grandes améliorations contemporaines, à coup
sûr, et peut-être l'une des plus grandes inventions de l'agriculture.

Conditions favorables au drainage. — Après avoir pris directement des informations auprès de tous les fabricants, cultivateurs et membres des sociétés d'agriculture que j'ai rencontrés, parmi ceux qui ont pratiqué ou suivi les travaux du drainage, je puis présenter ici le résumé des données, concordantes d'ailleurs, que j'ai recueillies sur les meilleures conditions de cette opération agricole.

Forme des tubes. — On est généralement d'accord pour admettre que les tubes cylindriques placés bout à bout, plus économiques de pose et de fabrication, à section égale, doivent être préférés; on confectionne cependant encore des tubes à section elliptique avec embase, des tuiles courbes qui complètent un tube à l'aide d'une tuile plate; mais l'usage de ces derniers est le moins répandu.

Diamètre. — On a généralement renoncé aux tubes d'un très-petit diamètre (1 pouce), auxquels, dans l'origine, beaucoup de personnes donnaient la préférence. On emploie généralement des tubes de 1 pouce 1/2, 1 pouce 3/4 et 2 pouces. Ces derniers paraissent devoir être plus généralement adoptés, surtout pour les grandes longueurs. Quant aux tubes plus larges, destinés à recevoir les produits de l'écoulement dans les plus petits, ces tubes communs ou *main-pipes* doivent avoir un diamètre variable, puisqu'il doit être proportionné au nombre et à la longueur des tubes affluents.

Joints. — Les joints les plus économiques résultent de la pose des tubes, bout à bout, au fond de rigoles bien unies; cependant, lorsque des tassements inégaux sont à craindre, on consolide ce joint à l'aide d'un court manchon qui facilite la filtration tout en rendant solidaires les tubes ainsi ajustés.

Nous avons indiqué une disposition nouvelle, bien plus économique (les joints en S des tubes fabriqués chez M. Thomas Dean), qui produit en partie les effets utiles des manchons.

Qualité des tubes. — Les tubes doivent être exempts de trous, d'écornures et de fentes qui pourraient laisser introduire des matières terreuses et occasionner des engorgements; on les enfourne bien secs et debout, afin d'éviter les déformations; ils doivent subir une température suffisante pour assurer leur résistance à l'eau : lorsque cette condition n'est pas suffisamment atteinte, on doit les replacer dans une autre fournée, afin de compléter leur cuisson. On a parfois essayé les tubes sous une pression d'eau, et l'on a reconnu que les produits des bonnes machines, la terre et la cuisson étant d'ailleurs convenables, supportaient des pressions considérables, jusqu'à 200 pieds d'eau pour des tubes de 1 pouce et demi. On comprend que de telles épreuves ne sont pas nécessaires, bien qu'elles aient un certain intérêt et qu'elles puissent aider la comparaison entre les produits provenant, soit de machines diverses, soit de terres, soit de fours différents.

Profondeur des rigoles. — Les questions relatives à la profondeur et à l'espacement les plus convenables des rigoles ont été débattues maintes fois entre les ingénieurs, les agriculteurs, et dans les associations agricoles anglaises. Les uns voulaient que les rigoles ne fussent creusées que jusqu'à 1 pied et demi ou 2 pieds et rapprochées de 12 ou 13 pieds les unes des autres; plusieurs ingénieurs, propriétaires ou fermiers, assuraient qu'une profondeur de 4 à 5 pieds était convenable et économique en ce qu'elle permettait de porter l'espacement des drains à 25 et même 30 ou 35 pieds.

Le plus grand nombre des agriculteurs, aujourd'hui, sont d'avis que généralement il convient de creuser les drains à une profondeur de 3 pieds 2 pouces à 3 pieds 6 pouces, que les rigoles doivent être espacées de 11 à 18 ou 20 pieds les unes des autres.

Les exceptions à cette règle générale peuvent être nombreuses dans une localité : il importe donc de dire sur quoi elle se fonde; à cet égard, heureusement, il ne paraît plus rester de doutes.

Plusieurs mécomptes, quelquefois très-graves, sont résultés de ce que des rigoles peu profondes (de 2 à 3 pieds par exemple) se sont trouvées au-dessus de la nappe d'eau retenue par les argiles les moins perméables. L'eau stagnante au-dessous des tubes, ne pouvant s'écouler, entretenait en grande partie l'excès d'humidité, et les divers inconvénients qu'on avait voulu éloigner du sol ne manquaient pas de persister. Il est donc évident que, dans ce cas, il faut creuser les rigoles jusqu'au niveau où l'eau est retenue ; on y trouve l'avantage de pouvoir espacer davantage les tubes.

Dans d'autres circonstances, où la terre elle-même est argileuse, mais assez perméable pour que l'eau s'y infiltre aisément jusqu'à 4 pieds et demi ou 5 pieds, les tubes posés à cette profondeur et à des distances de 25 à 30 pieds pourront suffire à l'égouttage du sol et laisseront au-dessus d'eux une couche de terre plus épaisse, plus puissante, pour retenir les gaz, les sels, les engrais, et par conséquent plus féconde.

Obstacles accidentels. — Dans certaines terres où l'oxyde de fer abonde, et qui sont assez nombreuses dans plusieurs contrées de l'Angleterre, les eaux égouttées dans les drains y ont porté des dépôts ocracés qui ont pu les engorger ; cet accident s'est particulièrement manifesté relativement aux tubes de petit diamètre (1 pouce à 1 pouce un quart). On est d'accord pour conseiller l'emploi, dans ce cas, de tubes ayant au moins 2 pouces, auxquels on donne le plus de pente possible en profitant des inclinaisons du terrain.

Un autre accident a parfois arrêté assez promptement l'écoulement dans les drains : c'est l'introduction des racines d'arbres entre les joints ; il se forme alors dans le tube un chevelu de racines tellement volumineux, qu'il remplit la section et intercepte bientôt le passage de l'eau. On doit donc éloigner les rigoles des arbres qui souvent sont en bordure, ou arracher ceux-ci lorsqu'ils avancent dans l'intérieur du champ à drainer ; les haies si généralement établies dans les prairies plus ou moins divisées, offrent moins de chances d'obstruction ; toutefois, elles nécessitent des précautions analogues à celles prises dans le voisinage des arbres en bordure.

Prix coûtant. — Les tubes de 2 pouces de diamètre intérieur et 12 à 14 pouces de longueur, qui sont le plus généralement usités maintenant, coûtent à fabriquer, compris la cuisson, 14 à 18 schellings le mille, suivant le prix du combustible et de la main-d'œuvre. On peut les acheter dans les manufactures au prix de 16 à 20 schellings (voyez page 20).

Le drainage coûte à ce taux 3 à 4 liv. sterl. par acre, en supposant les rigoles creusées à 5 pieds de profondeur et espacées à 16 pieds les unes des autres.

Le prix coûtant est moindre lorsque la disposition du terrain permet de faire aboutir les drains à un fossé ou ruisseau en sable perméable, sans recourir aux larges tubes (*main-pipes*) employés ordinairement pour réunir les produits de l'écoulement de l'eau amenée par les petits tubes.

Le prix du drainage peut s'amoindrir encore, lorsqu'il suffit d'assainir par ce procédé une pièce de terre placée au milieu de terrains en pente, qui se trouvent convenablement égouttés par cette sorte de drainage central.

Dans la plupart des circonstances favorables, le prix d'établissement du drainage peut être payé par l'accroissement du produit net d'une seule récolte obtenue sur des sols qui ne donnaient jusqu'alors que de mauvaises plantes herbacées. En tous cas, et sauf les causes accidentelles d'insuccès que l'on peut éviter, les frais de premier établissement du drainage sont largement compensés par un intérêt annuel à la charge du fermier qui, de son côté, gagne à cette amélioration un accroissement notable dans son revenu net. Ces données résument la pratique la plus universellement constatée en Angleterre.

Veuillez agréer, Monsieur le Ministre, l'expression de mes sentiments respectueux et dévoués.

PAYEN,

Membre de l'Institut.

RAPPORT

A M. LE MINISTRE DE L'AGRICULTURE ET DU COMMERCE

SUR

UNE NOUVELLE EXPLOITATION DE LA TOURBE.

MONSIEUR DE MINISTRE,

Vous m'aviez chargé d'aller visiter, aux environs de Dublin, les nouvelles exploitations des tourbières par des procédés qui avaient été signalés à votre attention, et qui pourraient être applicables en France, malgré la différence très-grande entre les conditions de la vie dans les localités où la tourbe abonde chez nous et la position malheureuse d'une grande partie de la population en Irlande.

Les Irlandais, dès longtemps habitués à fonder la base de leur nourriture trop exclusivement, trop facilement peut-être, sur la consommation des pommes de terre, ayant d'ailleurs dans beaucoup de localités un moyen presque gratuit de chauffage par l'emploi de la tourbe, ont rencontré, dans ces deux circonstances, des ressources pour résister à la faim et au froid; mais ces ressources elles-mêmes, à peine suffisantes, devenaient des causes de misère plus grandes, avec toutes les chances de diminution dans l'approvisionnement de leur aliment incomplet et de leur faible combustible. La première de ces chances malheureuses s'est réalisée depuis plusieurs années; l'autre, tôt ou tard, viendrait accroître la misère qui accable ces populations, si l'on n'avait recours à des moyens de mieux utiliser et de mieux rétribuer le travail intelligent et manuel des hommes.

L'un de ces moyens consiste à développer la culture du lin en Irlande, en simplifiant les procédés et formant des usines centrales où les produits bruts des récoltes seront élaborés par des procédés nouveaux et des appareils perfectionnés.

C'est précisément dans les mêmes vues et par des voies du même ordre qu'une grande association [1] vient apporter un deuxième moyen d'accroître les produits du sol et du travail en Irlande.

L'industrie nouvelle, que j'ai examinée avec soin, a pour objet l'extraction de la tourbe des vastes tourbières négligées ou mal exploitées jusqu'ici, la carbonisation dans de nouveaux fours, la vente du charbon en morceaux comme combustible, et l'application des parties pulvérulentes au moulage des fontes, à la désinfection des matières fécales et à la fabrication des engrais.

On compte en Irlande plus de 3 millions d'acres de tourbières exploitables, la plupart négligées ou mal exploitées; ces dernières fournissent le défectueux chauffage qui répand ses émanations infectes et insalubres à l'intérieur et aux alentours des tristes et pauvres habitations irlandaises.

Les gaz et vapeurs exhalés de la tourbe humide, et dont la combustion est incomplète, contiennent divers produits goudronneux, carbures pyrogénés et composés ammoniacaux à odeur forte et nauséabonde ; ces produits, partiellement condensés sur les habitants des chaumières enfumées, couvrent leur peau d'un enduit insalubre et d'une teinte fauve qui donne à la maigreur un aspect plus maladif. Ces déplorables conditions pourront disparaître lorsque les améliorations agricoles et industrielles dont on se préoccupe aujourd'hui auront élevé le prix du travail en Irlande. Alors aussi l'influence utile des exploitations des tourbières deviendra plus évidente, car elle pourra rendre à la culture et aux constructions les terrains mêmes qui fournissent maintenant le seul combustible à la portée des populations misérables.

[1] Société pour l'amélioration de l'Irlande.

M. Rogers, directeur gérant d'une vaste entreprise formée dans les vues que je viens d'exposer, a bien voulu m'accompagner dans ses établissements aux environs de Dublin, et me communiquer dans ses bureaux, à Londres, tous les renseignements que je pouvais désirer.

L'exploitation principale est située à 7 milles au delà de Salines, station sur la ligne du Great-Southern et Western-railway : la station de Salines est à 18 milles de Dublin.

La compagnie fondée sous le nom de Société pour l'amélioration de l'Irlande ne bornera pas ses opérations aux tourbières de cette localité; déjà elle a pris à bail pour trente ans, au landlord marquis de Smalgan, 5,000 acres de tourbières au bas prix de 2 pence (20 centimes) par acre et par an. Dans d'autres localités, les prix de location varient entre cette limite et le prix annuel le plus élevé, qui ne dépasse pas 2 schellings et 6 pence (3 fr. 10 c.) par acre.

Le projet consiste à former un assez grand nombre d'établissements, à exploiter la tourbe par les moyens indiqués plus loin, à livrer aux ouvriers ou fermiers qui auront le plus contribué aux succès des travaux les terrains débarrassés des tourbières.

Un fonds spécial, formé par des souscriptions particulières, est destiné, par l'association, à donner une instruction profitable aux ouvriers et paysans des alentours; à leur apprendre certaines méthodes de culture, notamment celles qui s'appliquent au lin; enfin, à l'amélioration et à l'assainissement de leur demeure.

L'établissement modèle que j'ai visité dans tous ses détails est situé dans la localité indiquée plus haut. Les bâtiments contenant les fours et moulins sont construits au bord d'un canal navigable, sur une tourbière dont l'étendue est de 15 milles. La couche exploitable est, en grande partie, formée de mousse graduellement plus compacte, avec quelques arbres devenus spongieux, interposés entre trois de ses couches; elle présente une épaisseur de 15, 20 et 30 pieds. La situation des usines, dont le niveau est inférieur à celui des terrains où sèche la tourbe, permet d'y amener facilement cette matière sur des chemins de bois ou de fer.

La première opération, exécutée depuis six mois, a consisté dans l'égouttage de la tourbière. On y est parvenu au moyen d'une large tranchée suivant l'axe du terrain exploitable, et creusée jusqu'à 3 ou 4 pieds au-dessous de la couche de tourbe; l'excavation se rétrécit à 4 pieds environ dans la partie inférieure, formée d'une marne mêlée de graviers. Des fossés perpendiculaires à la tranchée principale y conduisent les eaux de toutes les parties latérales. Ces eaux s'écoulent en abondance et se réunissent dans un ruisseau passant sous le canal.

L'égouttage a rendu la tourbe beaucoup plus compacte et lui donne une consistance ferme qui permet de l'exploiter facilement.

L'exploitation se fait par gradins d'une grande longueur, taillés de chaque côté de la tranchée principale et parallèlement à sa direction.

L'extraction est rendue facile et expéditive au moyen d'une bonne division du travail et d'ustensiles bien appropriés (bêches, louchets, claies à étendre, etc.).

La tourbe extraite, séchée à l'air durant un mois environ, et rentrée dans les bâtiments des usines, revient à 2 sch. la tonne (de 1,000 kil.). La quantité obtenue ainsi n'étant pas encore suffisante pour alimenter les fours destinés à la carbonisation, on achète aux paysans des alentours la tourbe qu'ils tirent et font sécher par les procédés anciens; on la leur paye 3 sch. 6 p. la tonne rendue dans les usines.

La carbonisation commence avec un léger accès d'air qui brûle les gaz; alimentée ensuite par deux ou trois chargements successifs qui remplissent le vide dû au tassement, elle s'achève *en vase clos;* l'opération dure en totalité cinq heures, dont trois heures pour carboniser et deux heures pour refroidir : de sorte que, comprenant le temps nécessaire pour charger, on peut faire quatre opérations en vingt-quatre heures.

La charge de chaque four mobile en tôle emploie 6 à 700 lbs de tourbe et produit de 23 à 25 p. o/o de charbon, ou 138 à 175 lbs par opération, et en moyenne 600 lbs environ par vingt-quatre heures : les douze rangées de fours, contenues dans trois ateliers peuvent donc fournir 12 × 600 ou 7,200 lbs de charbon par vingt-quatre heures.

Les trois usines et l'extraction de la tourbe occupent en ce moment 500 hommes, femmes et enfants; lorsqu'elles seront en pleine activité, elles donneront du travail à 1,500 personnes.

Le prix de la main-d'œuvre est très-bas en ces localités; car, dans les ateliers des nouvelles exploitations, les ouvriers s'estiment heureux de gagner, savoir : les hommes, 10 pence (1 fr.); les femmes, 6 pence (60 cent.), et les enfants, 3 pence (30 cent.) par jour. En travaillant beaucoup, et avec une grande adresse, ils peuvent gagner (à la tâche ou à leurs pièces) environ deux dixièmes de plus, c'est-à-dire, les hommes, 1 fr. 20 cent.; les femmes, 72 cent., et les enfants, 36 cent.

Le produit carbonisé, obtenu comme je viens de le dire, se présente en morceaux que l'on met à part pour être vendus comme combustible. Ce charbon, ne donnant ni fumée ni gaz sulfureux, s'emploie avec avantage pour dessécher le malt, pour les opérations culinaires et pour certains chauffages dans les appartements.

Il reste à l'état de fragments menus et de poudre une quantité de charbon plus ou moins grande, suivant que la tourbe soumise à la carbonisation était plus ou moins légère.

La portion pulvérulente ou menue, du charbon de tourbe, constituerait en tous cas un déchet considérable si l'on ne pouvait l'employer de son côté. Au moyen de blutoirs à brosses mus par une machine à vapeur, on la sépare en deux portions : l'une, en poudre fine, passe au travers de la toile métallique des blutoirs ; cette poudre est vendue pour servir au moulage de la fonte ; la portion moins fine tombe au bout du blutoir sans avoir traversé la toile ; elle est en grains et menus fragments : on la destine à la désinfection des matières fécales, pour appliquer ensuite le mélange à l'engrais des terres.

Près des trois usines on a établi, comme exemples d'application du pouvoir désinfectant de ce charbon, des espèces de latrines très-simples : ce sont des huttes ouvertes en avant, entourées et couvertes de mottes de tourbe ; un fossé longitudinal, de chaque côté, contient du charbon pulvérulent et reçoit, tous les jours, les déjections des ouvriers; de temps à autre, on saupoudre la superficie avec une nouvelle dose de charbon ; l'absorption des liquides et la désinfection des solides ont lieu instantanément; aucun signe de putréfaction ne se manifeste ; on ne sent pas d'odeur infecte, même au milieu de ces cabanes.

Une disposition aussi simple montre par quelle voie facile on peut assainir les latrines les plus fréquentées dans les ateliers qui occupent un nombreux personnel, tout en évitant les constructions dispendieuses, les difficultés pour les vidanges et la déperdition de produits utiles à l'agriculture. On peut dire qu'en général l'application de ce système ne coûterait rien, car la valeur de l'engrais compenserait largement toutes les dépenses.

La désinfection au moyen du charbon de tourbe a été essayée également avec succès en Angleterre dans les hôpitaux et dans les prisons.

Une application directe de la tourbe a été faite depuis un an et paraît devoir prendre quelque développement : c'est la fabrication de tubes économiques pour le drainage. En corroyant la tourbe compacte dans un *pugging-mill* (cylindre à corroyage mécanique) on la met dans un état convenable à cette fabrication ; elle est refoulée ensuite au moyen des machines usitées pour la fabrication des tubes en argile , si ce n'est que la matrice ou filière (*die*) offre une section annulaire plus large, afin que les tubes aient une épaisseur double.

Lorsque les tubes de tourbe ainsi préparés ont été desséchés fortement, ils ne sont plus désagrégés ni déformés par un courant d'eau, et les épreuves faites, soit à froid pendant une année, soit à l'eau bouillante durant quelques jours, ont donné lieu de penser que ces tubes résisteraient fort longtemps dans les conditions ordinaires du drainage.

On voit que les principales applications des produits des nouvelles exploitations, et surtout le placement du charbon sous les trois formes, peuvent offrir des chances très-favorables au succès définitif de cette grande industrie et aux améliorations très-importantes qu'on s'est proposées dans l'intérêt de l'agriculture, de l'industrie et de la salubrité publique.

Cependant, il ne faut pas se le dissimuler, les applications nouvelles, quelque bonnes qu'elles soient, s'introduisent presque toujours très-lentement dans la pratique. Je pourrais citer, comme exemples qui se rattachent en France directement à la question, les applications du noir animal et des déjections animales, absorbées par les terres sèches, à l'agriculture; de la désinfection par les terres et argiles charbonnées : opérations qui, malgré les hautes recommandations de la science, malgré les témoignages irrécusables d'une pratique éclairée, furent très-longtemps entravées par des préjugés contraires ou des circonstances commerciales défavorables; elles sont loin encore, pour la plupart du moins, d'avoir acquis le développement qu'elles doivent prendre un jour, et de rendre les services que l'agriculture peut en recevoir.

L'emploi de l'un des produits, le charbon de tourbe en morceaux, n'a pas à créer une consommation nouvelle : c'est tout simplement un combustible applicable à des usages connus; et chacun est, dès aujourd'hui, en mesure d'apprécier ses qualités spéciales en le comparant aux autres combustibles.

Malheureusement, dans l'état où il se trouve, même après l'élimination des menus fragments, il sera bien difficile de le transporter loin du lieu de la production, sans briser encore ses parties les plus friables, sans occasionner un déchet notable et nécessiter de nouveaux frais pour en séparer les parties menues ou pulvérulentes.

Les objections que je viens de rappeler sont les seules qui m'aient paru graves. Le temps, sans doute, pourrait les lever en généralisant l'emploi des menus fragments pour la désinfection, et leur donnant une valeur égale, peut-être même supérieure, à celle des morceaux volumineux; mais, en attendant, l'industrie nouvelle pourrait languir ou tomber. Cette perspective me paraîtrait fâcheuse si je ne savais pas que l'invention de l'un de nos compatriotes peut offrir une solution complète et immédiate du problème.

Cette invention permet de transformer toute la poussière de tourbe en un charbon moulé plus dense, plus riche en carbone et plus résistant, durant les transports, que la tourbe carbonisée; comparable et même, en beaucoup de circonstances, préférable au meilleur charbon de bois; ne pouvant, en raison de sa forme et de ses qualités, qu'être accueilli favorablement dans la consommation usuelle.

Alors, on le comprend, il ne resterait plus dans l'exploitation aucun débris charbonneux dont le débouché fût embarrassant; on pourrait faire marcher de front toutes les applications de la tourbe normale ou carbonisée, réglant sans la moindre difficulté la fabrication des produits suivant l'importance des débouchés.

Alors aussi les vues généreuses de l'association pour les améliorations en Irlande pourraient être facilement et promptement réalisées.

La réunion des procédés anglais et français, dans cette grande exploitation, trouverait bientôt, sans doute, l'occasion de s'introduire en France et de mettre en valeur les terrains, d'une étendue assez considérable occupés par nos tourbières; et, sous ce point de vue encore, la mission que vous m'avez confiée aurait atteint son but.

Veuillez agréer, Monsieur le Ministre, l'assurance de mes sentiments respectueux et dévoués.

PAYEN,

Membre de l'Institut.

RAPPORT

A M. LE MINISTRE DE L'AGRICULTURE ET DU COMMERCE

SUR LA FABRICATION ET L'EMPLOI

DES ENGRAIS ARTIFICIELS ET DES ENGRAIS COMMERCIAUX

EN ANGLETERRE.

MONSIEUR LE MINISTRE,

La fabrication, le commerce et l'application des engrais ont été en France, depuis quelques années surtout, l'objet d'études nombreuses, tant scientifiques que pratiques. Elles ont déjà porté leurs fruits. Généralement les agriculteurs comprennent aujourd'hui tout le parti qu'ils peuvent tirer des engrais commerciaux pour développer ou soutenir la fertilité du sol quand le nombre de leurs bestiaux et l'étendue des cultures fourragères sont au-dessous des nécessités de la ferme, dont le sol s'épuise par les emprunts successifs que lui fait la récolte.

Vous m'aviez recommandé, Monsieur le Ministre, d'étudier en Angleterre la question des engrais artificiels et de leurs applications; je me suis efforcé de remplir cette mission conformément à vos vues, en visitant les fabriques de ces engrais, les fermes où on les emploie, et les laboratoires destinés aux expériences agricoles. J'ai pu reconnaître que si l'on faisait naguère fausse route sur ce point, en Angleterre, les idées y sont en général rectifiées aujourd'hui, grâce au grand nombre de faits constatés par le concours des agronomes et des chimistes.

On avait d'abord admis l'opinion d'un illustre chimiste, M. Liebig, qui pensait que les substances minérales pourraient suffire, soit à l'entretien de la fertilité, soit à l'amélioration des sols en culture. Ce savant n'avait point hésité à prendre part à la fondation d'une manufacture d'engrais où l'on préparait des mélanges de différents sels minéraux destinés à remplacer les fumiers ordinaires. Cette sorte d'engrais incomplet a échoué dans presque toutes les applications qu'on en a faites, et l'établissement n'a pu se soutenir. C'est un résultat négatif bien acquis aujourd'hui à la science agronomique.

Deux autres circonstances remarquables ont contribué à éclairer les esprits les plus prévenus en faveur de la théorie allemande, que nous avons toujours combattue en France. Au moment même où les mélanges de sels minéraux, employés exclusivement, restaient inefficaces sur le sol, un autre engrais commercial, le guano, composé principalement de phosphates, de matières azotées et de sels ammoniacaux, était importé en Angleterre, où il eut le plus grand succès dans toutes les cultures : résultat bien propre à montrer le rôle utile que remplissent les substances azotées dans les engrais; car, entre la composition du mélange inefficace livré dans la fabrique d'engrais minéraux et celle du guano du Pérou, la seule différence à remarquer, c'est que la substance azotée, absente du premier, abonde dans le second.

Vers la même époque, un large système d'expérimentation était institué sur une grande exploitation agricole par M. Bennet Lawes. Son établissement, que j'ai visité avec le plus vif intérêt, a été affecté à l'essai en grand des engrais minéraux non azotés, ou azotés, ou mixtes, chacun d'eux étant préalablement analysé. Les résultats des analyses, rapprochés des observations relatives à la végétation des plantes, au volume, au poids et à la qualité des produits, permettent de constater chaque année les effets réels des engrais appliqués aux principales cultures.

L'importance des documents émanés des expériences effectuées sur ce domaine excuseront quelques détails relatifs aux moyens d'exécution mis au service de la science agricole par M. Lawes,

3.

qui a fait, comme particulier, ce qu'on oserait à peine demander au Gouvernement le plus libéral.

Le riche et savant agronome que je viens de nommer a voulu, sans aucune théorie préconçue, résoudre pratiquement, dans l'intérêt de l'agriculture, les problèmes les plus importants relatifs aux engrais, tant pour éviter aux fermiers des mécomptes parfois désastreux que pour épargner aux innovations vraiment utiles le discrédit dont tout insuccès les frappe pour longtemps.

M. Lawes a consacré le vaste domaine de Rothamsted, situé près de Saint-Alban, dans le Hertfordshire, aux essais scientifiques et pratiques des engrais. A peu de distance du parc, près des bâtiments de la ferme, des étables et des écuries, des boxes à engrais et des emplacements des meules, et au milieu des cultures, se trouve le remarquable laboratoire agricole dont je vais indiquer les principales dispositions.

Il est divisé en deux parties : l'une, consacrée aux collections des produits et aux analyses délicates, ressemble aux laboratoires ordinaires ; on y remarque une collection d'environ 3,000 échantillons de cendres provenant de substances récoltées, de produits ou des débris animaux et des déjections solides et liquides.

Le laboratoire proprement dit, destiné à préparer les échantillons moyens pour les analyses, offre les proportions d'une petite usine manufacturière, et permet d'agir sur des masses telles que les essais acquièrent une valeur pratique incontestable.

Un générateur, équivalent à la force de dix chevaux, fournit la vapeur nécessaire pour le chauffage de grandes capsules plates de 1 mètre de diamètre où s'opèrent les évaporations, soit des urines, soit des autres liquides ; le service du feu pour ce générateur se fait en dehors, afin d'éviter dans le laboratoire toute poussière provenant, soit du combustible, soit des cendres.

Une grande étuve en fonte, longue de 2 mètres 50 centimètres, large de 1 mètre 50 centimètres, haute de 1 mètre, chauffée par une double enveloppe de vapeur, sert aux évaporations et aux dessiccations. Pour éviter l'odeur nauséabonde qu'exhalent plusieurs de ces produits, elle dirige, au moyen d'un tube, sa vapeur dans la cheminée.

Une plaque en fonte, glissant sur des coulisses, facilite l'introduction et la sortie des vases qui contiennent les substances à dessécher, et permet d'observer à volonté les progrès des opérations.

De grands bains de sable, entretenus aux températures convenables, complètent les moyens de concentration, de dessiccation et de chauffage des substances à traiter.

Un grand fourneau contient quatre moufles de 60 centimètres de longueur et 25 de largeur, soutenues horizontalement et chauffées au moyen du coke qui les environne.

Un courant d'air pénètre à volonté dans les moufles, où s'effectuent les incinérations des divers produits végétaux ou animaux, dans le but de déterminer les proportions moyennes de cendres dans les engrais, dans les récoltes et dans les différents produits et résidus de l'alimentation des animaux.

A l'aide de semblables dispositions, il serait facile d'instituer dans quelques grands centres agricoles des recherches expérimentales, suivies par périodes d'assolement, sur les causes de l'épuisement des terres et sur les meilleurs procédés pour rétablir, entretenir ou accroître la puissance et la fécondité du sol.

Les mêmes procédés permettent de déterminer la valeur économique des méthodes employées à l'élevage ou à l'engraissement des animaux et à la production du lait. On comprend toute leur utilité pratique et l'influence décisive qu'elles peuvent avoir sur le choix des moyens à employer pour améliorer la nourriture, développer les forces et soutenir la santé des populations.

Avec le concours d'un personnel dévoué, placé à la tête des cultures, chargé de la direction du laboratoire, de l'enregistrement journalier des travaux entrepris et des résultats obtenus, M. Lawes a pu éclairer d'une vive lumière la question, mal jugée autour de lui, des engrais purement minéraux.

Les expériences sur les engrais ont été partagées en deux séries : la première, sur une terre épuisée par des cultures successives sans engrais; 14 acres d'un seul tenant, divisés en vingt-huit champs, furent cultivés pendant quatre années de suite en blé : l'un d'eux ne recevant aucun engrais, on répandit sur un autre une fumure ordinaire, soit 14 tonnes de fumier, et, sur chacun des vingt-six autres champs, on employa comparativement l'un des engrais artificiels à essayer.

Au moment où j'arrivais dans cette exploitation, le 17 août dernier, les blés étaient sur pied; on commençait à couper un des champs à la faucille; il était facile de constater des différences très-grandes entre les produits, par le nombre et le volume des épis, la quantité et la qualité des grains.

Ces différences devaient être grandes, en effet, puisque la moyenne ordinaire des récoltes dans le voisinage étant de 22 bushels par acre ($19^h,75$ par hectare), M. Lawes a obtenu des maxima s'élevant à 35 et 36, et des minima s'abaissant à 10 ou 12 bushels de grains, de qualité inférieure dans ce dernier cas.

Les résultats annonçaient d'ailleurs devoir être, cette année, conformes à ceux qui avaient été obtenus en 1849, sous les mêmes influences, quant aux engrais.

Une deuxième série d'expériences analogues, sur une terre très-peu fertile, a été consacrée à la culture des turneps, chaque année, depuis 1848 : elle a conduit aux mêmes conclusions.

Je vais résumer ici les plus importantes.

Le silicate de potasse et les différents sels de soude et de potasse se sont montrés sans efficacité; M. Lawes, se rappelant qu'il en a été de même dans un grand nombre d'essais en grand, en a conclu que très-généralement ces sels ne font pas défaut dans les sols des fermes bien cultivées.

Au contraire, l'un des engrais les plus énergiques, surtout pour les turneps, consiste dans le phosphate de chaux des os, désagrégé par l'acide sulfurique, qui contient, outre le phosphate, les matières organiques azotées.

D'une manière plus générale encore, les meilleurs engrais minéraux n'ont eu d'effet très-favorable qu'à la condition d'être mêlés de matières azotées ou de sels ammoniacaux, ou, mieux encore, de retenir ces deux substances : c'est alors que M. Lawes a réalisé des récoltes, par acre, de 36 boisseaux de blé (32^h par hectare), de 50 d'orge (45^h par hectare), de 27,000 kil. ($67,000^k$ par hectare) de betteraves.

On obtient, dans ces derniers cas, plus de blé; le grain renferme plus de substances : il constitue donc un produit commercial de plus grande valeur.

Des expériences très-curieuses ont été faites par M. Lawes sur les effets comparatifs du fumier et de la cendre : 28 tonnes (28,000 kilogr.) du fumier de la ferme ayant été partagées en deux lots de 14 tonnes, un des lots fut réduit en cendres et répandu sur un acre de terre; l'autre lot fut répandu, à l'état normal, sur une même superficie d'un acre; les deux terrains furent semés en blé : le premier, qui avait reçu les cendres, ne produisit que 16 boisseaux de grains et 1,104 livres de paille, tandis que le second donna 22 boisseaux de blé et 1,476 livres de paille[1].

Les mêmes conclusions ont été déduites d'expériences faites en grand avec les mêmes soins, et dans lesquelles M. Lawes a vu les produits en paille et surtout en grains augmenter lorsqu'il ajoutait aux engrais minéraux, soit des sels ammoniacaux, soit des substances organiques azotées.

C'est encore ce qui est arrivé dans d'autres essais comparatifs,

[1] Des résultats analogues ont été obtenus par M. Boussingault, en France, dans deux essais comparatifs. Sur deux portions, chacune de 30 mètres carrés, d'un terrain marneux improductif, la cendre du fumier ne produisit aucun effet sur la végétation, tandis que le fumier normal développa une abondante récolte. (Kuhlmann, *Expériences chimiques et agronomiques;* Masson, libraire à Paris, et Michelbon, à Leipzig, 1847.)

en employant seul l'*engrais breveté de M. Liebig,* dit *pour le blé* (*Liebig patent manure, for wheat*). 4 quintaux par acre ont à peine augmenté le rendement de la même terre sans engrais : on n'a obtenu que 17 boisseaux de blé et 1,513 livres de paille. Cet engrais artificiel est composé de façon à représenter approximativement la cendre de la plante; or, en y ajoutant 4 quintaux de tourteaux et 1 quintal de sulfate ou de chlorhydrate d'ammoniaque, la récolte s'est élevée à 31 boisseaux de grains et 3,007 livres de paille : ainsi l'addition des engrais organiques et des sels ammoniacaux a doublé la production d'une terre cultivée comparativement sans engrais, tandis que l'engrais minéral, seul, avait à peine accru d'un septième cette production.

Tous les faits que j'ai pu recueillir directement dans mes excursions en Angleterre s'accordent avec ces conclusions positives; j'en citerai quelques-uns des plus saillants.

Parmi les engrais commerciaux les plus estimés en Angleterre, on doit compter les os à différents états : 1° réduits en poudre grossière; 2° pulvérisés de même et désagrégés par l'acide sulfurique; 3° carbonisés et employés d'abord pour la clarification du sucre (avec le sang), chez les raffineurs, qui les vendent ensuite, comme résidus, aux agriculteurs. Sous ces trois formes, on a un engrais composé principalement de phosphate de chaux et de substances organiques azotées, mélange dont le succès en agriculture reste incontesté.

On vend encore aux agriculteurs, sous le nom de *coprolithes,* une sorte de phosphate de chaux très-impur et presque totalement dépourvu de substances organiques; c'est le produit de divers fossiles contenant de 5 à 35 p. o/o de phosphate, et comprenant jusqu'à des bois fossiles phosphatés réduits en poudre.

M. Nesbit, directeur d'une école de chimie et de géologie appliquées à l'agriculture (Kennington, Kennington-lane), me fut indiqué comme l'un des hommes de science et de pratique qui se sont le plus occupés de la recherche des gisements de copro-

lithes et de leur application. Il me montra effectivement une
nombreuse collection de ces fossiles qu'il avait analysés; mais je
désirais surtout voir les manufactures où l'on pulvérisait ces matières dures et les cultures où le produit était employé, car j'a-
vais quelques préventions à leur sujet.

M. Nesbit voulut bien m'offrir de m'accompagner dans ces
usines. Deux d'entre elles n'étaient plus en activité, une autre se
bornait alors au broyage des os ordinaires.

Les premiers renseignements que j'avais obtenus sur cette industrie étaient donc très-probablement exacts; les agriculteurs
avaient reconnu le peu d'efficacité de cet engrais minéral. Sans
doute ces fossiles pourront rendre des services aux propriétaires
en apportant sur le sol une partie de l'acide phosphorique que
les récoltes lui enlèvent; mais, trop lentement désagrégés, ils ne
peuvent pas, en général, agir assez vite pour offrir quelque profit
aux fermiers.

M. Hunt (High-street, Lambeth), l'un des plus habiles fabricants d'engrais d'os, emploie dans son usine tous les os qu'il peut
se procurer, soit dans la ville de Londres et ses environs, soit par
la voie des importations de diverses contrées. On remarque dans
ses approvisionnements jusqu'à des os de baleine et de plusieurs
autres animaux marins.

Les os qui arrivent frais des environs de la fabrique sont d'a-
bord soumis à un traitement spécial pour en extraire la graisse:
on les jette successivement dans une trémie au fond de laquelle
se trouvent deux cylindres, dont l'un est formé de sept grands disques de 25 centimètres de diamètre, épais, dentés, séparés les
uns desautres par des disques dentés d'un diamètre de 15 centimètres. L'autre cylindre présente six grands disques séparés de
même, et pénétrant dans les intervalles entre les sept grands disques du premier. On comprend que les os, tombant entre les
dents de ces cylindres, qui tournent en sens contraire, se trouvent
engagés dans des porte-à-faux qui les brisent. On jette les os ainsi

concassés dans une chaudière à demi-pleine d'eau, chauffée par la vapeur jusqu'à 100 degrés. La matière grasse, liquéfiée à cette température, sort des cavités osseuses et des cellules adipeuses. On enlève la graisse qui surnage : elle représente 5 p. o/o du poids des os, et s'emploie dans la même usine pour fabriquer des savons.

Les os privés de graisse se traitent ensuite mêlés avec les os secs tirés de l'étranger et qu'on a brisés de même. Ces matières mélangées sont réduites en plus petits fragments en les faisant passer entre des cylindres dentés plus rapprochés. On sépare, à l'aide d'un blutoir cylindrique, en tôle de fer percé, les plus gros morceaux, qu'on broie de nouveau.

On vend dans cet état aux agriculteurs une partie des os ; ils agissent lentement ; mais leur action est celle d'un engrais à la fois organique et minéral.

Pour les agriculteurs qui préfèrent une action prompte, le fabricant désagrége par l'acide sulfurique les os pulvérisés ; à cet effet on les laisse dans l'eau pendant un ou deux jours pour les humecter ; on les met ensuite avec 35 centièmes de leur poids d'acide sulfurique dans un grand cylindre en fonte, doublé de plomb, de 2 mètres de longueur, 1 mètre de diamètre. Ce cylindre présente une ouverture longitudinale à sa partie supérieure.

On fait tourner l'axe qui traverse le cylindre : il est armé de bras en fer qui agitent le mélange durant quatre ou cinq heures ; au bout de ce temps, la réaction a pénétré dans l'épaisseur des fragments d'os ; avec leur matière terreuse elle produit du sulfate et du phosphate acides de chaux. Elle désagrége la matière organique qui donnait aux os leur résistance.

Lorsqu'on les a rendus ainsi friables, on fait faire au cylindre un demi-tour, de façon que l'ouverture longitudinale se trouve placée en bas. Le mélange tombe dans une caisse. On ramène le cylindre dans sa position première et on recommence l'opération.

Les os acidifiés peuvent être livrés en cet état ; mais M. Hunt préfère les mélanger avec leur volume de noir d'os, résidu des raffineries, pour absorber et saturer une partie de l'excès du liquide acide, et en outre pour rendre le mélange pulvérulent et plus facile à répandre sur le sol.

Chez ce manufacturier, une machine de la force de huit chevaux-vapeur suffit au broyage de 7,500 kilogrammes d'os par jour. L'engrais le plus habituellement livré aux fermiers consiste en un mélange d'os acidifiés et de noir; il est payé 50 schellings par 250 kilogrammes, ou 24 fr. 80 cent. les 100 kilogrammes.

M. Thackeray avait indiqué un procédé semblable; mais, n'employant pas d'agitateur mécanique, il ajoute une quantité plus grande d'acide sulfurique, c'est-à-dire 50 p. 0/0. Il mêle la matière pâteuse avec 60 de noir animal pour 100 d'os employés; il laisse la réaction s'opérer durant un ou deux jours.

M. Spooner, fabricant à Southampton, traite les os de la même manière; il emploie 25,33, et jusqu'à 40, d'acide pour 100 d'os. Pour rendre le mélange pulvérulent, il le dépose sur un lit de cendres et le recouvre d'une couche de la même substance. Le compost ainsi obtenu s'emploie tel quel, à l'état pulvérulent, ou bien délayé dans l'eau en arrosages; ce dernier mode d'application produit les effets les plus prompts. On répand par acre l'équivalent de 4 bushels ou 90 kilogrammes d'os pulvérisés (222 kilogr. par hectare).

Au dire de tous les agriculteurs, aucun engrais ne semble préférable pour développer la végétation des turneps. On comprend l'importance qu'on lui accorde en Angleterre, où cette culture est très-généralement répandue, trop généralement même, s'il est vrai qu'elle ait introduit l'usage d'une alimentation trop abondante en turneps pour les vaches laitières, et qu'elle ait été ainsi l'une des causes de la dépréciation qu'on remarque dans la qualité du lait et du beurre dans beaucoup de villes de la Grande-Bretagne.

Je n'ai rencontré qu'à Édimbourg et dans quelques localités d'Écosse des produits qui approchassent un peu, par leur qualité, du lait et du beurre que nous obtenons en Normandie et en diverses localités en France.

Dans la belle ferme-école de Cirencester, à 35 lieues de Londres, dans le Wiltshire, j'ai vu pulvériser à grand' peine des coprolithes sous une meule en fonte, et l'application de cet engrais minéral sur une culture de turneps m'a paru peu favorable. Sur la même pièce de terre, le fumier ordinaire et les os acidifiés, qu'on prépare en bien plus grande quantité, avaient produit, au contraire, une végétation luxuriante qui ne s'affaiblissait notablement qu'aux approches des haies vives.

La préparation des engrais suivant des procédés qui préviennent ou ralentissent beaucoup la fermentation spontanée des matières animales commence à faire des progrès en Angleterre, et constituera sans doute bientôt une méthode générale.

Le charbon divisé, et surtout le charbon d'os, jouit à un haut degré de cette propriété. Aussi les mélanges de charbon d'os ou de poussiers avec le guano comme avec les os désagrégés ont-ils été reconnus très-favorables à l'économie de ces engrais. Leur présence ralentit sans doute la formation et le dégagement de l'ammoniaque, et l'empêche de se perdre dans l'atmosphère. Ce fait vient du reste confirmer l'opinion que vous avez émise sur l'utilité de l'intervention d'une certaine quantité de charbon très-divisé dans la composition de tous les engrais.

Mais en Angleterre, comme en France, c'est surtout à la conservation et à l'emmagasinement des déjections animales que ces procédés s'appliquent avec avantage; ils auront, dans un prochain avenir, tout le fait espérer du moins du progrès des lumières et de la sollicitude du Gouvernement pour le bien-être des masses, une heureuse influence sur l'assainissement de l'air respirable dans les villes et dans les habitations des campagnes. On sait qu'à cet égard de grandes et de très-intéressantes expériences, encouragées par votre administration, Monsieur le Ministre, s'accomplissent en ce moment dans Paris. La carbonisation des tourbes en Irlande se rattache à des projets conçus dans une semblable direction.

Des procédés remarquables ayant, en définitive, un but analogue et s'appliquant aux fumiers, se répandent dans les fermes anglaises. On peut en observer les effets dans l'école d'agriculture pour les fils de fermiers irlandais, que j'ai visitée aux environs de Dublin ; mais ils se trouvent réunis surtout dans la grande institution agricole de Cirencester ; là, j'ai remarqué le système de nourriture et d'engraissement de l'espèce bovine, dans les boxes, perfectionné de deux manières :

1° En coupant à la machine, pour la litière, les pailles en petits brins de 12 à 16 centimètres de longueur. Le grand nombre de sections ouvertes qu'offrent alors les tiges facilite beaucoup l'absorption des liquides, les soustrait à l'action de l'air et doit ralentir la fermentation ; le trépignement presque continuel de l'animal, libre de ses mouvements dans chaque box, concourt évidemment au même résultat. On rend le tassement plus efficace encore et plus économique en ajoutant tous les jours un peu de terre sèche sur la litière humide. Les animaux ont des habitudes différentes quant aux points de leur litière qu'ils foulent le plus ; on fait donc passer de temps en temps les bœufs et les vaches d'une box dans l'autre, afin de régulariser la pression sur tous les points de la litière. On ne vide le fumier que tous les deux ou trois mois.

2° On obtient également de bons résultats dans cette ferme en plaçant les moutons sur des planchers percés de trous et ménageant au-dessous un espace libre où l'on dépose de la terre sèche, et mieux encore carbonisée : celle-ci se sature d'urine, arrête la putréfaction et conserve à la végétation les principes les plus utiles de la matière organique.

Dans les étables, les écuries et les bergeries ainsi tenues, on ne sent plus ces exhalaisons ammoniacales qui vicient l'air dans les anciennes exploitations rurales.

Vous vous rappelez, Monsieur le Ministre, que notre compatriote, M. Decrombecque de Lens, l'un des premiers, a donné cet excellent exemple, et bien d'autres qui lui ont valu l'honneur de fixer l'attention de M. le Président de la République et la vôtre à l'Exposition nationale de 1849.

C'est ainsi qu'en Angleterre, comme en France, la fabrication des engrais a réagi déjà sur les habitudes des fermes. Les nouveaux et grands travaux industriels du même genre qui se préparent et les recherches expérimentales que vous instituez à l'Institut agronomique de Versailles concourront à perfectionner et à répandre ces utiles méthodes, car, dans ma conviction, la fabrication des engrais factices est plus avancée et plus variée en France qu'en Angleterre.

Mais, je crois devoir le dire ici, quelques mécomptes graves peut-être, menaceraient les agriculteurs trop confiants.

S'il doit aujourd'hui leur paraître évident que les meilleurs engrais commerciaux sont ceux dont la composition, riche en substances azotées, les rapproche des débris animaux, tels que la laine en poudre, le sang et la chair desséchés, les plumes coupées, les râpures de corne et d'os, le noir des raffineries, les urines et les déjections solides desséchées, le guano, etc., dont les effets favorables sont nettement démontrés, ils auront, suivant les cours et les circonstances locales, à choisir entre ces engrais; ils devront parfois joindre ce qui peut manquer à leurs terres en substances minérales particulières, et ils donneront la préférence à celles de ces matières minérales que l'interposition des matières organiques rend plus faciles à désagréger.

Mais, pour être guidés dans leur choix, pour tirer de leurs essais et de leurs sacrifices le fruit qu'ils en attendent, pour être mis à même de distinguer entre les excitants, qui donnent une végétation luxuriante, capable d'épuiser le sol en quelques an nées et les engrais durables propres à entretenir sa puissance et sa fertilité, une condition encore serait indispensable : il faudrait que tous les engrais offerts à l'agriculture par l'industrie ou le commerce, fussent désignés sous des noms spécifiant leur nature, comme ceux que nous venons de citer, ou bien qu'ils fussent accompagnés d'une note ou d'un titre précisant leur composition ; on éviterait, ainsi, que les acheteurs fussent trompés par des dénominations mystérieuses sur la nature, la quantité réelle ou la valeur des objets vendus. On pourrait du moins, en cas de litige entre les acheteurs et les vendeurs, soumettre les doutes à des vérifications sérieuses.

Si votre administration croyait devoir adopter des mesures pour atteindre ce but, elle répondrait au vœu unanime des sociétés et réunions agricoles; elle hâterait encore, par ce moyen, la réalisation des progrès qui vous préoccupent tant aujourd'hui dans l'intérêt de notre économie rurale; elle préviendrait la ruine de nombreux fermiers et les répugnances qui en naissent pour toutes les nouveautés. C'est plus qu'il n'en faut pour éveiller vos sollicitudes.

Veuillez agréer, Monsieur le Ministre, l'assurance de mon respect et de mon dévouement.

PAYEN,
Membre de l'Institut.

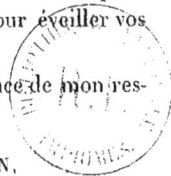